NOUVEAU PROCÉDÉ D'EXTRACTION

DE QUELQUES

TUMEURS TRÈS-VOLUMINEUSES

NOUVEAU PROCÉDÉ D'EXTRACTION

DE QUELQUES

TUMEURS TRÈS - VOLUMINEUSES

PAR

E. LÉTIÉVANT,

CHIRURGIEN EN CHEF DÉSIGNÉ DE L'HÔTEL-DIEU

DE LYON.

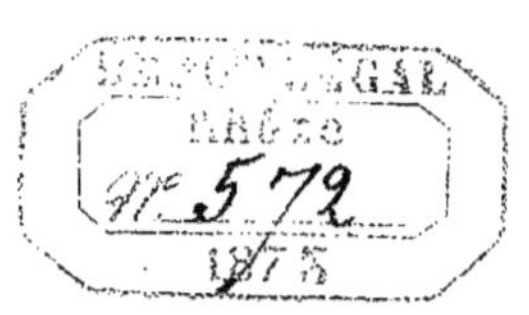

—➤➤✖◄◄—

LYON

IMPRIMERIE D'AIMÉ VINGTRINIER

Rue de la Belle-Cordière, 14.

—

MDCCCLXXIII

NOUVEAU PROCÉDÉ D'EXTRACTION

DE QUELQUES

TUMEURS TRÈS - VOLUMINEUSES

Les énormes tumeurs siégeant soit au sein, soit aux bourses, ont des caractères importants nombreux. Quelques-uns frappent plus spécialement l'attention des chirurgiens : le volume, la multiplicité, les anastomoses en réseaux, des veines et des artères qui serpentent à la surface de la masse néoplasique.

Cette vascularité veineuse et artérielle des enveloppes est un sujet d'effroi pour l'opérateur :

Il n'ignore pas qu'un flot de sang s'échappera sous le premier coup de bistouri destiné à cerner la tumeur.

Il a présent à l'esprit des faits d'opération de tumeurs volumineuses dans lesquels l'hémorrhagie s'est terminée d'une manière fatale.

Il sait que le malade, échappant à ce danger immédiat, reste, par le fait même de ces énormes pertes de sang, exposé à de graves complications pouvant compromettre les suites de l'opération.

Enfin, il constate que les malades portant ces tumeurs très-volumineuses sont, en raison même de ces néoplasies parasites, réduits, le plus souvent, à des conditions de santé fâcheuses :

épuisement, altération des fonctions principales, quelquefois adynamie voisine de la mort.

Il y a dans la constitution des tumeurs dont nous parlons un autre fait sur lequel nous insistons, c'est que le plus souvent, disons toujours, ces tumeurs sont complètement environnées d'une enveloppe fibreuse spéciale, très-adhérente à leurs tissus, mais à surface externe beaucoup moins adhérente aux parties qui l'entourent. L'enveloppe fibreuse, en un mot, constitue la limite très-nette de la substance sarcomateuse sous-jacente. On peut séparer assez facilement avec le doigt cette surface fibreuse des parties molles qui l'entourent.

Enfin, il y a quelquefois dans ces tumeurs un pédicule essentiellement vasculaire, notamment dans les sarcomes testiculaires.

S'il y avait possibilité de diviser les parties molles péri-sarcomateuses (veines, artères, etc.) sans que le malade perdît une goutte de sang ;

S'il était possible d'agir ensuite sur la tumeur, de telle sorte que son énucléation très-rapide se fasse encore sans perte de sang ;

Si enfin dans la division du pédicule on évitait cet accident, on réaliserait un progrès réel.

Être avare du sang des malades dans les opérations, ne rien enlever de ce liquide précieux pour la réparation, voilà le souci du chirurgien. C'est dans l'espoir d'avoir atteint un but si utile que je présente le procédé suivant à l'appréciation de mes honorables collègues.

Premier temps. — Il consiste, le malade étant anesthésié :

1° A tracer sur la tumeur, à l'aide de l'ongle, la ligne elliptique que doit suivre l'instrument de division : le fer cultellaire rougi ;

2° Cerner cette ligne de chaque côté par des lames de carton imbibées d'eau froide et destinées à limiter l'action du feu à un espace linéaire. Un aide, muni d'éponges imbibées d'eau froide, est chargé d'humecter les bandes de carton pour les garder à une basse température ;

3° Le chirurgien promène alors le fer cultellaire rougi (1), lentement, suivant la ligne tracée avec l'ongle. Il divise l'épiderme et la couche superficielle du derme ; puis, le premier fer s'éteignant assez vite, il en prend successivement un second, un troisième, quatrième, etc., en un mot autant qu'il en faut pour diviser toute l'épaisseur du derme, le tissu sous-dermique, toutes les couches successives sous-cutanées jusqu'à la surface de l'enveloppe de la tumeur.

Il reconnaîtra facilement cette enveloppe en la voyant faire hernie dans la ligne de cautérisation lorsque les tissus ont été complètement divisés jusqu'à elle. Cette enveloppe tranche d'ailleurs par son aspect blanc fibreux, mat, sur les autres tissus dont on a pu voir les diverses couches successives pendant l'incision ignée.

La cautérisation linéaire ainsi conduite, avec une suffisante lenteur, divise les veines externes et sous-cutanées sans que celles-ci donnent du sang. Un petit jet s'échappe quelquefois par les artères, il est à l'instant réprimé par l'application du plat de la lame cultellaire. En un mot, le chirurgien arrive jusqu'à la tumeur sans avoir perdu une cuillerée de sang (2).

Deuxième temps. — La surface de la tumeur est à nu dans toute la longueur de la double incision ellipsoïde pratiquée par le

----

(1) Il importe à ce moment, surtout si l'on opère sur un sein, de se mettre à l'abri, à l'aide d'un écran. de l'embrasement de l'éther.

(2) Le fer rouge, pour ce premier temps opératoire, est préférable à la

fer rouge. Il s'agit alors d'engager les doigts entre cette surface fibreuse de la tumeur et les couches molles divisées qui la recouvrent. Pour cela, les doigts s'insinuent sous le bord de ces couches, glissent au-dessous, entre elles et la surface de la tumeur, et déchirent avec vivacité les adhérences qui réunissent le néoplasme à ces parties.

C'est une énucléation par déchirure qui est ainsi produite.

Tantôt ce sont des lamelles cellulaires qui seules sont déchirées, tantôt des canaux vasculaires allant des parties molles à la tumeur; mais ces vaisseaux, tiraillés, déchirés, rompus, se comportent comme ceux soumis à ces violences : ils donnent peu ou pas de sang.

Cette énucléation de la tumeur se fait donc avec une grande rapidité et à sec. Ici encore pas d'hémorrhagie.

Troisième temps. — Si la tumeur est pédiculée ou si elle est retenue par des portions vasculaires considérables en un point, le pédicule peut être atteint, soit par l'écraseur, soit encore par le cautère actuel, soit par l'instrument tranchant. Dans ce dernier cas, ou bien l'on fait précéder la section par la ligature en masse du pédicule ou, comme je l'ai préféré jusqu'ici, on pratique la section de ce pédicule vasculaire, à coups petits et successifs de bistouri, en ayant soin de lier les artères dès qu'elles sont divisées. De cette manière encore, on est à l'abri de l'hémorrhagie

Le pansement doit être fait de façon à rapprocher les parties profondes de la plaie. C'est un moyen d'obtenir une réunion partielle par première intention, comme on l'obtient quelquefois dans les plaies par déchirure.

galvano-caustique, dont le fil de platine rougi s'éteint trop facilement et conduit à interrompre l'opération.

Les lèvres de la plaie suppureront, bien entendu, après la chute de l'eschare ; mais déjà une notable portion de la solution de continuité sera réunie.

On constatera combien les malades sont peu impressionnés par ce traumatisme opératoire : à leur réveil, ils souffrent des inconvénients de l'éthérisation, mais dès les premiers jours ils conservent leur teint, leurs forces, l'appétit ; ils ne tardent pas à se reconstituer s'ils étaient affaiblis, et marchent à une amélioration de la santé générale en même temps que la plaie se cicatrise.

J'ai pratiqué quatre fois cette opération : trois fois pour d'énormes tumeurs du sein (1), une fois pour une tumeur semblable

(1) Je fus sur le point d'opérer, le 18 mars 1871, d'une énorme tumeur du sein et de la même manière, la veuve Reynaud, âgée de soixante-douze ans. Toutefois, après réflexion, je vis qu'il était possible de l'opérer par un autre procédé que je considère comme préférable à l'occasion. La tumeur pendait sur la partie supérieure de l'abdomen. Je m'aperçus qu'en la saisissant et en la portant comme pour l'écarter vivement du thorax, elle n'était plus rattachée à la poitrine que par un immense pédicule extrêmement large, formé par deux lames de couches tégumentaires que l'on pouvait rapprocher, à peu près, l'une de l'autre, en dessous de la tumeur. Je pratiquai alors la suture enchevillée avant d'abattre la tumeur. Une sonde fut placée au-dessus, une autre au-dessous, suivant l'étendue de cet immense pédicule. Dix-huit à vingt fils doubles traversèrent les lèvres de ce pédicule et réunirent les deux sondes ensemble ; puis, les fils convenablement serrés, je fis courir un bistouri entre cette suture et la tumeur. Celle-ci fut ainsi séparée en un temps et sans hémorrhagie. L'incision mesurait, du sternum à l'aisselle, 24 centimètres de longueur. Les parties constituant le pédicule se trouvèrent ainsi réunies par première intention, sans avoir été exposées au contact de l'air.

A la partie centrale de la suture la réunion des parties n'était pas parfaite, et la suture tiraillait avec trop de force ; je fus obligé de la détruire et de faire un pansement astringent. Toute la plaie ne tarda pas à se cicatriser, des bourses. Dans les quatres ca; les suites ont été simples et la guérison ne s'est pas fait attendre, sauf une fois.

1° J'opérais le sarcome testiculaire en août 1868, sur un adulte âgé de cinquante-deux ans, venu d'une ville de Saône-et-Loire, et qui avait pris domicile chez son frère, place de la Croix-Rousse. MM. les docteurs Mollière, alors internes, m'assistèrent.

Le premier temps de l'opération marcha avec une grande régularité; le scrotum fut divisé par l'incision ignée, ainsi que toutes les tuniques successivement jusqu'à la tumeur. Celle-ci s'énucléa avec rapidité. Je fis la ligature successive des artères du pédicule en les divisant.

La plaie des bourses était considérable; cependant ces parties étant très-rétractiles, ses dimensions se réduisirent. Je réunis le fond de la plaie à l'aide d'une suture en *plaque*. Deux lames de carton soutinrent, l'une le côté interne, l'autre le côté externe de la plaie. Des épingles, en certain nombre, traversèrent de toutes parts ces plaques et l'épaisseur des lèvres de la plaie dans toute leur partie profonde; ces épingles furent maintenues par des jets de fil ou par des grains de plomb écrasés sur elles. Les deux côtés de la blessure étaient ainsi exactement juxtaposés.

J'eus une réunion immédiate dans tout le fond de la solution de continuité; les bords se cicatrisèrent après la chute des eschares. Le malade guérit rapidement et rentra dans son pays le quarantième jour de l'opération.

et la malade sortait de l'Hôtel-Dieu le 22 avril, trente-quatre jours après son opération. Je vis cette malade trois mois plus tard en parfaite santé. La cicatrice occupant la place du sein mesurait 8 centimètres en diamètre transversal, 2 à 3 centimètres en diamètre vertical, à la partie moyenne. Elle était blanc rosé, mobile sur le thorax, indolente; les plis de la peau rayonnaient autour d'elle. Aucune apparence de récidive.

2º Dans un cas de tumeur du sein, que j'opérai à l'Hôtel-Dieu, dans la salle Saint-Paul, sur une femme nommée Françoise Mingot, âgée de trente-sept ans environ, le sarcome, dépassant le volume de la tête d'un adulte, avait une base très-étendue. Je fis une incision ignée elliptique comprenant une suffisante partie de peau altérée. J'arrivai rapidement à la tumeur. L'énucléation fut exécutée avec facilité. La plaie mesurait 27 centimètres de longueur.

Cette malade, opérée le 16 avril 1870, a quitté l'Hôtel-Dieu le 12 mai, vingt-sixième jour de l'opération. A ce moment, la plaie est rouge, granuleuse et considérablement diminuée ; elle ne mesure plus que 15 centimètres de longueur et 6 en hauteur dans sa partie la plus large.

Je revis cette malade deux ans après (24 mai 1872); elle portait une cicatrice longue de 12 centimètres, large de 3 à 4 centimètres à sa partie moyenne, rose au milieu, blanche aux extrémités. Aucune trace de récidive.

3º Dans un troisième cas, la malade, R. Place, âgée de soixante-trois ans, de Vienne (Isère), était dans une situation tellement grave, que j'hésitai à l'opérer les premiers jours de son entrée à l'Hôtel-Dieu. Sa tumeur était énorme; elle était soutenue par la malade à l'aide d'un linge passant sous l'aisselle droite et contournant le cou. Elle était depuis quelque temps largement ulcérée ; des portions gangrénées baignaient dans l'ichor de cet ulcère.

Les lèvres de l'ulcère, rouge brun, semblaient indiquer que la gangrène continuait. Il n'y avait point de ganglions axillaires.

Les forces étaient épuisées, le pouls très-faible, les fonctions digestives profondément altérées. Des frissons se faisaient sentir à intervalles irréguliers.

Malgré ces conditions très-mauvaises, je me décidai à intervenir, le 17 mai 1871, par le procédé que je viens de décrire.

L'opération fut d'un immense bienfait pour la malade ; celle-ci cessa d'être intoxiquée par la sanie et l'odeur infecte que répandait son ulcère. Les premières nuits furent bonnes ; cependant, vers le sixième jour, un érysipèle vint compromettre la marche de la guérison ; il fut ambulant, parcourut le tronc, la tête, les membres supérieurs, et se termina aux lombes après une durée de douze jours.

La cicatrisation de la plaie fut retardée ; mais elle était en très-bon état lorsque la malade quitta l'Hôtel-Dieu, le 22 juin, deux mois après l'opération.

La guérison ne tarda pas à être complète. Je revis cette malade plusieurs mois après et dans un parfait état de santé.

4° Je viens d'appliquer le même procédé opératoire, il y a quelques jours, pour une tumeur semblable, sur une femme de Givors, âgée de quarante-six ans, Mme P... Cette malade avait été opérée, vingt-deux ans auparavant, par Barrier.

La tumeur du sein avait récidivé quatre ou cinq mois après cette première opération. Toutefois, pendant de longues années elle avait gardé le volume d'un grain de raisin. L'augmentation de la tumeur s'effectua ensuite graduellement, sans occasionner aucune souffrance. Depuis sept ou huit mois seulement la tumeur avait pris un développement rapide. — La peau était distendue et le siége de douleurs. — L'état général était bon.

Je notai particulièrement les gros vaisseaux serpentant à la surface de la masse morbide.

La malade prit une chambre à la maison de santé dite des Sainte-Marthe. Je l'opérai le 2 juin 1873 par le même procédé, et assisté de MM. Lemoine, Magnien, Jubin, internes, Bouverot, étudiant.

L'opération fut très-rapide, sans perte de sang.

Depuis lors la malade n'a perdu ni son teint frais, ni son appétit ; elle a eu quelques douleurs nerveuses, c'est le seul incident qui ait traversé sa guérison. Elle sort le 11 juillet 1873, trente-neuvième jour de l'opération ; la guérison est achevée et la malade revenue dans un parfait état de santé.

En songeant aux autres méthodes que l'on aurait pu mettre en usage dans ces cas, le mode de cautérisation par séton caustique se présente à l'esprit.

Mais ce procédé est lent, il réclame des semaines de traitement. De plus, il occasionne des douleurs atroces à chaque application nouvelle. Enfin il ne peut être mis en usage pour des tumeurs énormes comme celles dont je viens de signaler le volume.

Supposons une application de sétons caustiques cernant ces volumineuses tumeurs. Les sétons détruiraient dans ces cas une telle quantité de peau, que la plaie serait immense. Cette méthode ne respecte rien des parties saines ; il est pourtant inutile d'en trop sacrifier.

Nous préférons, de tous points, le procédé qui fait l'objet de cette note :

1° Il évite au patient les tortures de l'opération ;

2° Il respecte les lambeaux de tissus sains dont le sacrifice est inutile dans ces tumeurs, qui sont sarcomateuses ;

3° Il permet de réduire les plaies à la moindre étendue possible.